FERNANDO GARCIA GARCIA

PNEI
HIPERTENSION

UNA APROXIMACIÓN
PSICONEUROENDOCRINOINMUNOLÓGICA
DE LA HIPERTENSIÓN ARTERIAL

PSICOLOGÍA-MEDICINA-NUTRICIÓN

PNEI HIPERTENSIÓN
Una aproximación psiconeuroendocrinoinmunológica de la Hipertensión Arterial

Copyrights 2023
Fernando García García
All Rights Reserved

Investigaciones de avanzada en colaboración la IA de OpenAI

Únete a nuestro grupo de Whatsapp
Adquiere tu Desafío de 40 días para cambiar tu vida y salud

CONTENIDO

Objetivo del libro

Justificación

I. Una Radiografía de la Hipertensión Arterial

- Casos de mortalidad en el mundo
- La Hipertensión Arterial en Latinoamérica
- La Hipertensión Arterial y la enfermedad cardiovascular
- El Endotelio
- El eje hipotalámico-pituitario-adrenal (HPA)

- Mecanismo de liberación del Cortisol que inflama el Endotelio
- Alteraciones bioquímicas que configuran la HTA
- La microbiota y la activación crónica del HPA
- Inflamación crónica de bajo grado
- El estilo de vida y la aparición de la HTA
- Aspectos genéticos de la HTA
- Factores ambientales que determinan la HTA

A modo de resumen

II. Psicología de la HTA
  - El estrés crónico
  - Factores de riesgo para el estrés crónico y su índice de incidencia del HPA

- La personalidad tipo A
- Experiencias tempranas
- El abuso sexual
- Negligencia infantil (falta de cuidado físico o emocional)
- Acoso infantil (acoso escolar)
- Carencia de apoyo emocional (falta de apoyo afectivo o estímulo cognitivo)
- Estrés parental
- Ausencia o abandono del padre
- A modo de resumen

- III. Psiconeuroendocrinoinmunológía de la HTA
- Interacciones entre el sistema nervioso, endocrino e inmunológico en la Hipertensión Arterial
- Estudios epidemiológicos sobre la relación entre la Hipertensión

Arterial y la Psiconeuroendocrinoinmunología.
- Las emociones en la liberación del Cortisol e incidencia en el HPA
- La activación crónica del HPA y la Hipertensión Arterial
- Comportamientos del individuo que inciden en la activación crónica del HPA
- Otros factores que inciden en la HTA
- Tratamientos de la Hipertensión Arterial desde la perspectiva de la Psiconeuroendocrinoinmunología
- A modo de resumen

- IV. La Nutrición y la HTA
- La dieta Dash
- Programa de alimentación de 7 dias con una dieta DASH

- La dieta cetogénica (Keto)
- Programa de alimentación de 7 dias con una dieta cetogénica
- Comparación entre las dietas DASH y cetogénica (Keto)
- Nutrientes y alimentos importantes en la prevención y el tratamiento de la Hipertensión

A modo de resumen

V. Recomendaciones prácticas para la prevención y el tratamiento de la Hipertensión Arterial

- Tabla resumida de consejos.

Conclusión

Bibliografía

La armonía: Equilibrio y conciencia

/cita/

"La armonía entre el cuerpo y la mente se logra a través del equilibrio emocional y la conciencia plena."

Thich Nhat Hanh

Objetivo del libro

Me resulta difícil expresar en palabras la complejidad de las emociones que esta enfermedad provoca tanto en mi vida como en mi capacidad para entender.

Como profesional de la salud, he estudiado la Hipertensión Arterial desde hace más de 25 años, lo que ha hecho surgir en mí grandes inquietudes acerca de cómo abordarla efectivamente. Son muy profundos los desafíos de aquel que pretende ayudar a sus pacientes cuando se tiene ésta enfermedad respirando en la nuca, pues como amigo y esposo, he tenido que ver a mi mujer padeciendo la HTA después de su primer embarazo a los 30 años, teniendo yo mismo que vivir junto a ella al borde de esa delgada línea de riesgos en la cual transita todo paciente cardiovascular.

La Hipertensión Arterial es una enfermedad que no solo involucra la salud física, sino también la salud mental y la del núcleo familiar. En estos largos años he aprendido en detalle las complejas interacciones psico-neuro-endocrino-inmunológicas que están en juego en los pacientes con HTA, lo que me ha motivado a crear mecanismos poco convencionales que me conduzcan a ayudar a las personas a tomar la rienda, y con ello, retomar el control de su salud.

Una noche cualquiera, cuestionando tantas cosas de mi práctica y mi vida personal, mis ojos empezaron a experimentar una mirada diferente de la Hipertensión Arterial, fue entonces cuando noté como ciertas formas de vivir facilitan una reacción interna, muy íntima y sutil, de tipo inflamatoria, ligadas a reacciones de defensa psicológica con un componente de realidad poco claro, que disparan a su vez una intensa actividad defensiva en el cuerpo, que deriva en la inflamación de las paredes internas de los vasos sanguineos. Luego de observar por años, tuve la oportunidad de conocer de primera mano innumerables investigaciones de vanguardia que confirmaban los hallazgos de mi práctica particular.

Sé lo difícil que es lidiar con los efectos secundarios de los medicamentos y los cambios en el estilo de vida necesarios para controlar la Hipertensión Arterial, pero con todo lo experimentado, incluso en mi propia experiencia lidiando con la resistencia a la insulina (determinante, por cierto, de muchos casos de la HTA), he llegado a creer con firmeza que es posible desarrollar hábitos de vida saludables que ayuden a controlarla de manera efectiva, e incluso prevenirla, considerando incluso algunos aspectos de la vida temprana de cada individuo.

Espero con este libro, que como lector puedas tomar el control de tu salud, tomar las pequeñas decisiones diarias que necesitas, y con ello puedas vivir una vida más saludable y plena... ¡llena de conciencia sanadora y revitalizante!

Justificación

Este libro ha sido diseñado como mucho más que una guía sobre la Hipertensión Arterial. Es una invitación a un viaje hacia la comprensión más profunda de cómo nuestra mente y cuerpo interactúan para crear o sanar enfermedades. Y lo más importante, es una fuente de empoderamiento para quienes buscan cambiar su vida y mejorar su salud.

Aquí hay datos clave que debes saber: la Hipertensión Arterial afecta a más de mil millones de personas en todo el mundo. Es una de las principales causas de enfermedades cardiovasculares, incluyendo enfermedades cardíacas y accidentes cerebrovasculares. Pero aquí está la buena noticia: la HTA es una enfermedad tratable y prevenible, y este libro te mostrará cómo hacerlo.

Con información respaldada por la ciencia más actual sobre la Hipertensión Arterial, este libro te guiará en este viaje para descubrir como entender y controlar tu presión arterial de manera efectiva. Descubrirás cómo pequeños cambios en tu vida diaria, que involucran necesariamente sacar tiempo para tí, hacer ejercicio regularmente, seguir una dieta saludable y reducir el estrés, marcarán una gran diferencia en tu salud.

Pero lo más importante, éste libro te inspirará a creer en ti mismo(a) y en tu capacidad para tomar el control. No importa cuán abrumador pueda parecer al principio, cada pequeño cambio que hagas en tu cotidianidad tendrá resultados evidentes.

Así que te invito a tomar esta aventura conmigo, y a descubrir cómo mejorar tu salud de manera realista y sostenible. Este libro es una guía sólida, que te dará las herramientas que necesitas para cambiar tu vida para siempre. ¡No esperes más para empezar a sanarte!

CAPÍTULO I

Una radiografía de la Hipertensión Arterial

La Hipertensión Arterial (HTA) es una enfermedad crónica caracterizada por una elevación sostenida de la presión arterial por encima de los valores normales. Esto puede causar daño a los órganos del cuerpo y aumentar el riesgo de enfermedades cardiovasculares como el infarto de miocardio, el accidente cerebrovascular y la insuficiencia renal, entre otras realmente complejas e incapacitantes.

Existen diversos factores que pueden desencadenar la Hipertensión Arterial, como son:

- Factores hereditarios: Si la HTA es común en tu familia, es más probable que desarrolles la enfermedad.
- Edad: La presión arterial tiende a aumentar con la edad.
- Obesidad: El exceso de peso y la obesidad son factores de

riesgo que debes considerar seriamente.

- Inactividad física: La falta de ejercicio regular se asocia al aumento de la presión arterial.
- Consumo excesivo de sal: Una dieta rica en sal se asocia al desarrollo de la enfermedad.
- Consumo excesivo de alcohol: El consumo excesivo de alcohol está relacionado al incremento de la presión arterial.
- Estrés: El estrés crónico contribuye de manera decisiva, como lo veremos a lo largo de este libro, a la génesis y mantenimiento de la HTA.

Es importante mencionar que en las mujeres en estado de embarazo hay un riesgo significativo de desarrollar Hipertensión Arterial (HTA) debido a una variedad de factores, entre ellos:

- Cambios hormonales: Durante el embarazo, hay cambios hormonales relevantes que afectan la forma en que el cuerpo regula la presión arterial.

- *Problemas con la placenta:* Si hay problemas con la placenta, como la placenta previa o la preeclampsia, puede haber una disminución del flujo sanguíneo al útero y al feto, lo que puede aumentar la presión arterial.
- *Problemas renales:* En el embarazo existe un riesgo de afectación de la función renal y contribuir al desarrollo de la HTA.
- *Factores genéticos:* Algunas mujeres tienen una predisposición genética que activa el desarrollo de Hipertensión Arterial durante el embarazo.

Es necesario tener en cuenta que la HTA a menudo no presenta síntomas, por lo que es fundamental hacerse controles regulares y decidir con firmeza adoptar hábitos de vida saludables para prevenir su desarrollo, teniendo en cuenta su prevalencia como factor de riesgo de mortalidad global.

Casos de mortalidad en el mundo

A continuación muestro una tabla de las 3 principales causas de mortalidad en el mundo, según la Organización Mundial de la Salud (OMS) para el año 2021:

Rango	Causa de Mortalidad	Porcentaje de Mortalidad
1	Enfermedades cardiovasculares (donde la HTA tiene participación central)	31.07%
2	Cáncer	16.77%
3	Enfermedades respiratorias	7.46%

Podemos ver en estos datos que las enfermedades cardiovasculares, estrechamente relacionadas a la HTA, son el primer factor de mortalidad en el mundo, doblando incluso a la segunda causa, el Cáncer.

La Hipertensión Arterial en Latinoamérica

La HTA es una enfermedad crónica que afecta a millones de personas en Latinoamérica. Se estima que ésta afecta aproximadamente el 30% de la población adulta, convirtiéndola en una de las principales causas de mortalidad en la región. Además, se ha observado un aumento en la prevalencia de la enfermedad en las últimas décadas, debido a factores como el envejecimiento de la población, la urbanización, el sedentarismo, la obesidad, consumo excesivo de sal y alcohol.

Se ha observado que la enfermedad afecta con mayor frecuencia a mujeres y a personas de bajos ingresos. Por cierto, la Hipertensión Arterial en la región está asociada con otros factores de riesgo cardiovascular, como la diabetes, la obesidad, el tabaquismo y la falta de actividad física.

A pesar de la alta prevalencia de la HTA en Latinoamérica, el diagnóstico y el tratamiento de la enfermedad aún son insuficientes. Muchas personas desconocen que padecen Hipertensión Arterial y, por lo tanto, no reciben tratamiento. Incluso, es frecuente que cuando se diagnostica la enfermedad, el control de la presión arterial sea deficiente, aumentando el riesgo de complicaciones cardiovasculares.

En resumen, la HTA es un problema de **salud pública** prioritario en la región, que hace fundamental promover cambios en la forma de vivir y reducir los factores de riesgo.

La Hipertensión Arterial y la enfermedad cardiovascular

La HTA es uno de los factores de riesgo principales para las enfermedades cardiovasculares y los accidentes isquémicos. Esta se define como una presión arterial sistólica igual o superior a 140 mmHg (milímetros de mercurio) y/o una presión diastólica igual o superior a 90 mmHg.

De acuerdo con la Organización Mundial de la Salud, la HTA es responsable del 45% de las enfermedades cardiovasculares y del 51% de las muertes por accidentes cerebrovasculares isquémicos en todo el mundo. En los Estados Unidos, la Hipertensión Arterial es la principal causa de enfermedades cardiovasculares, que representan aproximadamente el 31% de todas las muertes en el país.

Por lo tanto, la HTA puede agravar otros factores de riesgo cardiovascular, como la diabetes y el colesterol alto -y viceversa-. Las personas con Hipertensión tienen un mayor riesgo de enfermedades cardiovasculares y accidentes cerebrovasculares que aquellos con diabetes solamente.

Es importante destacar algo que es fundamental: la HTA es una enfermedad tratable y controlable. Su detección temprana y el tratamiento efectivo reducen el riesgo de enfermedades cardiovasculares y accidentes cerebrovasculares isquémicos en un 25% y las opciones de tratamiento usualmente apuntan a cambios en la forma de vida, incluyendo ineludiblemente dieta y ejercicio, así como medicamentos para reducir la presión arterial, pero hay más, así que quiero que mires en detalle lo que ocurre dentro de tus venas...

El Endotelio

El endotelio es una capa de células que recubre el interior de los vasos sanguíneos, incluyendo arterias, venas y capilares.

Estas células tienen varias funciones importantes en el cuerpo, incluyendo:

- *Mantener la integridad estructural de los vasos sanguíneos: El endotelio ayuda a mantener la estructura de los vasos sanguíneos y previene la ruptura de los mismos.*
- *Regular el flujo sanguíneo: El endotelio controla el flujo sanguíneo a través del sistema vascular mediante la liberación de sustancias que los dilatan y contraen.*
- *Controlar la coagulación de la sangre: El endotelio produce sustancias que evitan que la sangre se coagule en el interior de las arterias, venas, vasos o capilares.*
- *Regular la permeabilidad vascular: El endotelio controla la permeabilidad vascular, permitiendo que ciertas sustancias, como nutrientes y oxígeno, pasen del torrente sanguíneo a los tejidos del cuerpo.*

El endotelio es un tejido vivo, una capa de células que recubre el interior de los vasos sanguíneos capaz de ejercer funciones clave para mantener la vida del organismo, que además está en íntima interacción con otros sistemas del cuerpo, que le permiten reaccionar a múltiples condiciones y garantizar la supervivencia. Ahora exploremos lo que pasa en el cerebro...

El eje hipotalámico-pituitario-adrenal (HPA)

El eje hipotalámico-pituitario-adrenal (HPA) es un sistema fisiológico que regula la respuesta al estrés y la homeostasis del cuerpo. El hipotálamo –una estructura vital del cerebro que es responsable de regular una gran variedad de funciones corporales esenciales, desde la respiración y la temperatura corporal hasta la ingesta de alimentos, la respuesta al estrés y el sueño– secreta la hormona liberadora de corticotropina (CRH), que estimula a la glándula pituitaria, conocida como la "glándula maestra del cuerpo" por regular funciones fundamentales como el crecimiento y el desarrollo, la reproducción, el metabolismo, el equilibrio hídrico, la lactancia materna y catapultar la respuesta "lucha-huída" que libera la hormona adrenocorticotrópica (ACTH).

La ACTH, por su parte, estimula a las glándulas suprarrenales para producir y liberar cortisol, una hormona esteroidea que ayuda al cuerpo a responder al estrés y a mantener la homeostasis general.

El cortisol eleva la presión arterial y aumenta la resistencia vascular periférica, incidiendo en el endotelio y aumentando la reabsorción de sodio en los riñones, que preparan los músculos para una acción inminente que determine la supervivencia en caso de amenaza. Es por esto que el eje HPA juega un papel central en la condición interna de los vasos sanguineos.

La respuesta del eje HPA al estrés no siempre es funcional en todos los individuos, lo que deriva en una producción excesiva o insuficiente de cortisol. En los casos de hipersecreción de cortisol, como en el síndrome de Cushing o lo contrario como en la enfermedad de Addison, contribuyen a la HTA.

De esta manera el eje hipotalámico-pituitario-adrenal (HPA) se consolida como un importante regulador del estrés y la pro-

ducción de cortisol, clave en la elevación de la presión, por la vía de la inflamación del endotelio, con un propósito de supervivencia pero luego alterado por diversos mecanismos, que desarrollan HTA y otras enfermedades.

Mecanismo de liberación del cortisol que inflama el Endotelio

Aunque el cortisol tiene muchos efectos beneficiosos en el cuerpo, cuando se libera en exceso contribuye a la inflamación crónica y a la disfunción del endotelio, lo que a su vez aumenta el riesgo de enfermedades cardiovasculares, incluyendo la Hipertensión Arterial.

Según se ha estudiado, el mecanismo por el cual el cortisol inflama el endotelio se debe a la capacidad del cortisol de estimular la síntesis y liberación de citoquinas inflamatorias, especialmente la interleucina-6 (IL-6), el factor de necrosis tumoral alfa (TNF-α) y la proteína quimioatrayente de monocitos (MCP-1), entre otros. Estas citoquinas generan disfunción general con un componente inflamatorio de base.

Así mismo, el cortisol también tiene una participación clave en el desarrollo de la resistencia a la insulina, lo que aumenta el riesgo de enfermedades metabólicas, como la diabetes. Esta resistencia a la insulina aumenta la producción de radicales libres (que aceleran envejecimiento, tanto como el deterioro de órganos y tejidos) y la inflamación del endotelio, factor fundamental en la génesis de la Hipertensión. Esto nos dice que controlar la liberación de cortisol es altamente determinante para prevenir enfermedades como la HTA, la diabetes, entre otras.

Alteraciones bioquímicas que configuran la HTA

Como hemos visto, la Hipertensión Arterial (HTA) es una enfermedad multifactorial en la que intervienen una amplia gama de alteraciones bioquímicas. Algunas de las alteraciones, que se han relacionado con la enfermedad, son:

- *Aumento de la actividad del sistema nervioso simpático:*

Vimos como este sistema es responsable de la respuesta del cuerpo ante el estrés, provocando vasoconstricción.

- Alteraciones en la función endotelial: Cuando su función está alterada, se produce una disminución de la producción de óxido nítrico, una molécula que ayuda a relajar los vasos sanguíneos, lo que provoca también vasoconstricción.

- Aumento de la actividad del sistema renina-angiotensina-aldosterona: Este sistema es un regulador importante de la presión arterial. El aumento de su actividad provoca vasoconstricción y retención de sodio y agua en los riñones, que eleva la presión arterial.

- Alteraciones en el metabolismo de la glucosa y los lípidos (grasas): El metabolismo alterado de la glucosa y los lípidos contribuye a la formación de depósitos de grasa en las arterias , provocando inflamación y disfunción endotelial.

- Alteraciones en el equilibrio ácido-base: Un desequilibrio en los niveles de ácido y base en el cuerpo genera vasoconstricción y por tanto una elevación de la tensión.

Es importante tener en cuenta que estas alteraciones bioquímicas no son la única causa de la Hipertensión Arterial ya que también son influenciadas por otros factores, como la microbiota, el estilo de vida, la genética y otros factores ambientales, que deben ser considerados con detalle.

La microbiota y la activación crónica del HPA

Esto es fundamental: la microbiota intestinal, que consiste en miles de millones de bacterias, hongos y virus que habitan en el intestino, influye determinantemente en la activación crónica del eje hipotalámico-pituitario-adrenal (HPA) y la inflamación del endotelio. Algunos de los factores que llevan a una activación crónica del HPA se dan por cambios en este nivel como:

Disbiosis: Se produce cuando hay un desequilibrio en la composición de la microbiota intestinal, lo que da lugar a a liberación de endotoxinas bacterianas y otros compuestos que *activan el sistema inmunológico y el eje HPA.*

- *Aumento de la permeabilidad intestinal: La disbiosis también puede causar un aumento de la permeabilidad intestinal, lo que permite que los compuestos bacterianos, como las endotoxinas, entren en el torrente sanguíneo. Esto puede activar el sistema inmunológico y el eje HPA.*
- *Cambios en la producción de neurotransmisores: La microbiota intestinal también produce neurotransmisores como la serotonina y el ácido gamma-aminobutírico (GABA), que influyen y determinan la regulación del estrés. Los cambios en la producción de estos neurotransmisores afectan la respuesta del eje HPA a la percepción del estrés.*
- *Alteraciones en la producción de ácidos grasos de cadena corta: La microbiota intestinal también produce ácidos grasos de cadena corta (AGCC) a partir de la fermentación de fibras dietéticas.*

Los AGCC tienen propiedades antiinflamatorias e influyen en la permeabilidad intestinal y la respuesta inmunológica. Los *cambios en la producción de AGCC afectan la activación del eje HPA.*

En general, los cambios en la microbiota intestinal tienen la capacidad comprobada de influir en la respuesta del sistema inmunológico y el eje HPA al estrés y, si se mantienen de forma crónica, pueden dar lugar a la activación crónica del HPA. Por lo tanto, mantener una microbiota intestinal saludable es fundamental para regular adecuadamente su respuesta al estrés, y fortalecer la capacidad general del organismo.

La inflamación crónica de bajo grado

La inflamación crónica de bajo grado es un proceso inflamatorio de baja intensidad y persistente que se produce en el cuerpo y que está asociado con numerosas enfermedades, incluyendo la HTA y la diabetes tipo 2. Este proceso inflamatorio es causado por una activación constante del sistema inmunológico, lo que lleva a la liberación de moléculas inflamatorias y citocinas proinflamatorias, así como la acu-

mulación de células grasas y tejido adiposo inflamado en el cuerpo. Además, los niveles elevados de ácidos grasos libres, el estrés oxidativo y la disfunción mitocondrial también contribuyen a la inflamación crónica con incidencia en el endotelio.

Sus factores de riesgo incluyen la obesidad, el sedentarismo, una dieta alta en grasas saturadas y azúcares, el envejecimiento, el tabaquismo, el estrés crónico, la apnea del sueño y algunas enfermedades crónicas como la enfermedad periodontal y la enfermedad cardiovascular.

El estilo de vida y la aparición de la HTA

El estilo de vida juega un papel importantísimo en la aparición de la Hipertensión Arterial (HTA). Algunos de los factores del estilo de vida que influyen en el desarrollo de la HTA incluyen:

- Dieta poco saludable: Una dieta alta en sodio, combinada con grasas saturadas aumenta el riesgo de HTA.

- *Falta de actividad física:* La falta de actividad física contribuye al aumento de peso fuera de sus patrones normales y saludables, lo que aumenta el riesgo.
- *Estrés crónico:* El estrés crónico contribuye de manera determinante al desarrollo de HTA, como veremos.
- *Consumo excesivo de alcohol:* El consumo excesivo de alcohol eleva la presión arterial a largo plazo.
- *Tabaquismo:* Fumar puede aumentar la presión arterial y contribuir al desarrollo de la enfermedad y múltiples factores de riesgo asociados.

Por todo ello se resalta la importancia de adoptar un cambio en la forma de vivir que transforme las expectativas de salud del paciente.

Aspectos genéticos de la HTA

La genética influye claramente en la aparición de la HTA :

- *Heredabilidad:* Hay un componente hereditario determinante, de alrededor del 30-50%. Esto significa que hay una predisposición hereditaria que puede disparar el riesgo de desarrollar la afección, siempre que hayan factores desencadenantes.

- Genes relacionados con la regulación de la presión arterial: Se han identificado varios genes que están involucrados en la regulación de la presión arterial y que pueden influir en el desarrollo de la Hipertensión Arterial. Estos incluyen genes que controlan la producción de renina (como vimos una enzima que ayuda a regular la presión arterial) y genes que afectan la función de los receptores de adrenérgicos (que son importantes en su regulación).

- Variantes genéticas relacionadas con la respuesta a factores ambientales: Se sabe que ciertas variantes genéticas pueden aumentar el riesgo de desarrollar HTA en respuesta a ciertos factores ambientales, como el consumo excesivo de sal o el estrés. Por ejemplo, una variante del gen ACE (enzima convertidora de angiotensina) está asociada con mayor riesgo de HTA en personas que consumen una dieta alta en sal.

- Genética de la resistencia a la insulina: Algunos estudios han encontrado que la resistencia a la insulina, la condición en la que las células del cuerpo no responden adecuadamente a la insulina, puede estar relacionada con la Hipertensión Arterial.

Como hemos visto la Hipertensión Arterial es una afección compleja que está influenciada por la historia familiar, la cual es preciso entender y aceptar, aunque también es clave considerar las variables que disparan estos factores genéticos, que se encuentran no solo en tu forma de vivir sino también en otros factores, como los ambientales.

Factores ambientales que determinan la HTA

Además del estilo de vida, existen factores ambientales que pueden contribuir a la aparición de la HTA. Algunos de estos factores incluyen: Contaminación del aire, ruido, temperaturas extremas, la exposición a agentes químicos como disolventes orgánicos y pesticidas tales como el benceno, el tolueno y el xileno, utilizados en la producción de muchos productos químicos, como plásticos, adhesivos, resinas, caucho, detergentes, colorantes y productos farmacéuticos de amplio uso, así como lacas, esmaltes, barnices y productos químicos para el cuidado personal, como perfumes y removedores de esmalte de uñas, así tambien productos de consumo regular, como pegamentos y disolventes para limpieza, entre otros.

Por otra parte, es clave que consideres que la sobreexposición a pantallas de computadores y celulares puede afectar el reloj biológico interno o los ritmos circadianos, los cuales a su vez modifican los patrones de sueño y estados de alerta/vigilia que activan de manera crónica el eje HPA via activación nerviosa simpática, generando disfunción endotelial, como veremos mas adelante.

A modo de resumen:

Pongamos las cosas claras, pese a ser uno de los problemas mas serios de salud pública en el mundo, por su amplia participación en la morbimortalidad global, la HTA es una enfermedad tratable y controlable. Si cargas con herencia de Hipertensión Arterial debes saber que ésta se activa solo cuando hay factores ambientales y del estilo de vida, así como patrones del carácter que le "dicen": ¡Avanza!

El endotelio, la capa interna de los vasos sanguineos, es muy sensible a estos factores, que desarrollan la activación crónica del eje HPA, encargado de conducir las respuesta del cuerpo al estrés -donde confluyen la defensa y la supervivencia-. Ten claro que, el eje HPA responde además a la microbiota intestinal, al reloj biológico, alteraciones bioquímicas y reacciones inflamatorias en las que interviene el sistema inmune, así como a reacciones de elementos provenientes del exterior. Por eso es clave que construyas tu plan considerando todos estos frentes.

CAPÍTULO II

Psicología de la HTA

Se ha demostrado que muchos aspectos psicológicos están asociados a la aparición de la HTA, incluyendo el estrés, la ansiedad, la depresión, la hostilidad (mal manejo de emociones como la ira o el miedo) y la personalidad tipo A. Por esto considero que es importante abordar estos factores para su comprensión y tratamiento. A continuación, detallo los factores psicológicos que participan en el desarrollo de la HTA:

- Estrés: El estrés crónico se asocia con una respuesta exagerada del sistema nervioso simpático que aumenta la frecuencia cardíaca y la resistencia vascular periférica, lo que a su vez aumenta la presión arterial.
- Ansiedad: Las personas con ansiedad frecuente a menudo

experimentan una activación exagerada del sistema nervioso simpático, lo que aumenta la presión arterial. Además, algunas personas que experimentan ansiedad debido a la preocupación por su presión arterial, les aumenta aún más esta condición.

- *Depresión: La depresión se ha relacionado con un mayor riesgo de desarrollar HTA. La depresión tiene la capacidad de influir en la presión a través de la activación del eje hipotálamo-hipófisis-adrenal y la respuesta inflamatoria, aunque tambien por otras vias.*

- *Hostilidad: La hostilidad y la agresividad (incluyendo el mal manejo de emociones) se ha relacionado con un mayor riesgo de desarrollar HTA por la activación del sistema nervioso simpático y la respuesta inflamatoria consecuente.*

- *Personalidad tipo A: Las personas con una personalidad tipo A, caracterizada por ser muy competitivas, manejar un altísimo grado de responsabilidad pero descuidando aspectos centrales de sí mismo, actuar con impaciencia y* ser agresivas, pueden tener un mayor riesgo de desarrollar HTA. Esto se debe en parte al estrés crónico asociado con este tipo de personalidad.

El estrés crónico

El estrés crónico no se considera un trastorno psicológico o psiquiátrico en sí mismo, sino más bien un estado de respuesta prolongada del cuerpo al estrés, que contribuye de manera importante al desarrollo de varios trastornos mentales y físicos. Por lo tanto, el diagnóstico del estrés crónico no se basa en criterios específicos, sino en la evaluación de los síntomas y factores de riesgo asociados.

Algunos de los síntomas comunes de estrés crónico incluyen:

- Fatiga constante o cansancio, dificultad para concentrarse o tomar decisiones.
- Ansiedad y preocupación excesiva.
- Dificultad para dormir o insomnio.
- Dolores de cabeza o migrañas.

- Dolores musculares y tensión.
- Cambios en el apetito o pérdida de peso.
- Problemas gastrointestinales, como dolor de estómago, diarrea o estreñimiento.

Además, existen factores de riesgo que pueden aumentar la probabilidad de desarrollar estrés crónico, como el trabajo en entornos estresantes con sobrecarga laboral, así como dificultades personales como la muerte de un familiar cercano, un divorcio o traumas infantiles no resueltos.

El diagnóstico de estrés crónico se basa en una evaluación cuidadosa de los síntomas y factores de riesgo asociados toda vez que afecta la salud. Identificar estos factores es clave, porque te ayudarán a actuar oportunamente y controlar de manera efectiva y duradera tu condición, con buen pronóstico.

Factores de riesgo para el estrés crónico y su índice de incidencia del HPA

Aquí muestro una tabla que describe 12 factores de riesgo para el estrés crónico, su descripción y su índice de incidencia en la activación del eje hipotalámico-pituitario-adrenal (HPA):

Factor de riesgo	Descripción	Índice de incidencia en la activación del HPA
Trabajo estresante y sobrecarga laboral	Trabajo con altas demandas, poco control, poco apoyo o sentirse abrumado por las responsabilidades.	Alto
Problemas personales	Dificultades en la vida personal, o marital, la enfermedad de un ser querido o problemas financieros.	Moderado
Pobre apoyo social	Falta de apoyo social de amigos, familiares y compañeros de trabajo.	Moderado
Trauma o abuso	Experiencias traumáticas o abuso en el pasado.	Alto
Cambios importantes en la vida	Eventos importantes en la vida, como mudarse a una nueva ciudad, tener un bebé, cambiar de trabajo.	Moderado
Conflictos interpersonales	Conflictos con amigos, familiares o compañeros de trabajo.	Moderado
Inseguridad financiera	Preocupaciones financieras y problemas económicos.	Moderado
Falta de sentido de la vida	Sentimiento de falta de propósito o dirección en la vida.	Moderado
Preocupación constante	Preocupación constante o pensamientos repetitivos.	Moderado
Carga emocional	Exposición a experiencias emocionales intensas, como la pérdida de un ser querido o el divorcio.	Alto

Un trabajo estresante con sobrecarga laboral, los traumas no resueltos basados en experiencias tempranas del individuo, así como la carga emocional producida por crisis intensas como el divorcio o la pérdida del conyuge, un hijo o padres, se clasifican como de alto riesgo.

La personalidad tipo A

Identificada por primera vez en la década de 1950 por los cardiólogos Meyer Friedman y Ray Rosenman cuando estudiaban factores de riesgo para enfermedades cardíacas, permitió detallar que los pacientes que sufrían de enfermedades cardíacas compartían ciertos rasgos de personalidad comunes, incluyendo la competitividad, la impaciencia y un sentido de urgencia.

Los desarrolladores diseñaron un cuestionario llamado "Escala de Personalidad" para evaluar estos rasgos en la población en general. El cuestionario integra preguntas como las que detallo a continuación:

- ¿Te sientes frustrado cuando las cosas no salen como esperabas?
- ¿Te molesta esperar en una fila o en el tráfico?
- ¿Te sientes irritado cuando las cosas no suceden tan rápido como esperabas?
- ¿Sientes que tienes una cantidad limitada de tiempo para hacer todo lo que quieres hacer?
- ¿Sientes que debes hacer múltiples tareas al mismo tiempo para ser productivo?
- ¿Te cuesta relajarte después de un día de trabajo?
- ¿Te sientes agresivo hacia los demás con facilidad?
- ¿Te sientes tenso o estresado con frecuencia?
- ¿Te sientes insatisfecho cuando no logras tus objetivos?
- ¿Te cuesta pedir ayuda cuando la necesitas?

A través de este tipo de preguntas se identifican patrones como la competitividad, la impaciencia, la hostilidad, la necesidad de control y el sentido de urgencia ligados a la enfermedad cardiovascular y la personalidad.

Experiencias tempranas:

Se ha encontrado que el estrés crónico y la adversidad temprana pueden afectar el desarrollo y la regulación del sistema nervioso y endocrino, lo que aumenta el riesgo de HTA en la edad adulta. Estudios sugieren que la exposición temprana a la violencia y el trauma puede tener efectos negativos en la salud cardiovascular, y desarrollar HTA.

Además, se ha encontrado una asociación entre la HTA y la baja autoestima, la ansiedad y la depresión que producen. Estos factores psicológicos influenciados por experiencias tempranas como el abuso, la negligencia, el acoso, la falta de apoyo emocional, el estrés parental y el abandono o ausencia del padre, como veremos, tienen un papel clave.

Cuando se experimentan situaciones estresantes en la infancia, el cuerpo activa el sistema nervioso simpático, lo que provoca una serie de cambios fisiológicos para preparar al cuerpo para la defensa –con efectos duraderos, dado que recién se estan inaugurando caminos neuronales que determinan la manera particular de construir la realidad-, con aumento de la frecuencia cardíaca, la liberación de hormonas del estrés (como el cortisol y la adrenalina) y la presión arterial, vinculados al desarrollo de la personalidad.

Cuando la respuesta al estrés se activa de manera crónica debido al camino abierto por las experiencias tempranas traumáticas, se da una liberación sostenida de hormonas que inflaman el sistema vascular y afectan la función renal, aumentando el riesgo en muchos frentes.

Hay evidencia de que la respuesta de lucha-huída (también conocida como respuesta de estrés agudo) está directamente relacionada con la inflamación del endotelio. A continuación, presento algunos estudios relevantes sobre este tema:

- *Un estudio publicado en la revista Psychosomatic Medicine en 2011 evaluó la relación entre la respuesta de lucha-huída en la infancia y la Hipertensión Arterial en adultos. Los resultados mostraron que los participantes que informaron de una mayor exposición a situaciones estre-*

santes en la infancia

- Un estudio publicado en la revista Psychosomatic Medicine en 2011 evaluó la relación entre la respuesta de lucha-huida en la infancia y la Hipertensión Arterial en adultos. Los resultados mostraron que los participantes que informaron de una mayor exposición a situaciones estresantes en la infancia (como peleas físicas, conflictos verbales y amenazas) tenían una mayor presión arterial sistólica en la edad adulta.

- Un estudio publicado en la revista Annals of Behavioral Medicine en 2013 encontró que la exposición temprana a situaciones estresantes (incluyendo la violencia doméstica, la separación de los padres y la hospitalización) se asoció con una mayor respuesta de lucha-huida en la infancia, lo que a su vez se relacionó con una mayor presión arterial en la adultez.

- Un estudio publicado en la revista Hypertension en 2016 encontró que los niños que tenían una mayor respuesta de lucha-huída con experiencias especialmente estresantes presentaban una mayor presión arterial media en reposo y una mayor reactividad de la presión arterial al estrés.

- Un metaanálisis publicado en la revista Psychophysiology en 2019 analizó 29 estudios que investigaron la relación entre el estrés temprano y la respuesta cardiovascular al estrés en la edad adulta. Los resultados mostraron que la exposición temprana al estrés está asociada con una mayor respuesta de lucha-huída al estrés adulto, lo que a su vez se relacionó con una mayor presión arterial.

La respuesta de lucha-huída en la infancia vinculada a traumas hacen mas reactivos los vasos sanguineos a la presión arterial.

El abuso sexual

Se ha demostrado que las personas que han sufrido abuso sexual en la infancia tienen una mayor rigidez arterial y una mayor frecuencia de enfermedad coronaria. El abuso sexual *genera una respuesta de estrés crónico en el cuerpo, lo que aumenta la presión arterial y el riesgo, con el tiempo, de multiples enfermedades cardiovasculares, diabetes y cáncer.*

Un famoso metaanálisis publicado en la revista médica JAMA Psychiatry en 2016, que se titula "El abuso sexual infantil y los resultados de salud mental, física y social en todo el mundo: una revisión sistemática y un metaanálisis" que incorporó 69 estudios en revisión sistemática y 50 estudios en el metaanálisis global, encontró que el abuso sexual en la infancia genera efectos en la salud mental y física de las personas a lo largo de su vida, no solo experimentando estrés post traumático y crónico, sino además persistencia de dolores de cabeza crónicos, transtornos de sueño, fatiga crónica, problemas gastrointestinales como el síndrome del intestino irritable, dolores de estómago y náuseas.

A continuación presento estudios que demuestran la relación entre el abuso sexual infantil y HTA en la vida adulta:

Estudio	Tipo de abuso infantil	Porcentaje de asociación con HTA
Estudio ACE	Abuso físico, sexual, emocional y negligencia infantil	Una exposición a cuatro o más tipos de eventos adversos se asoció con una prevalencia del 36.1% de Hipertensión Arterial, en comparación con una prevalencia del 26.5% en aquellos sin eventos adversos.
Estudio SWAN	Abuso físico, sexual, emocional y negligencia infantil	Las mujeres que informaron haber experimentado más de un tipo de evento adverso tuvieron un riesgo 66% mayor de desarrollar Hipertensión Arterial en comparación con aquellas que no informaron eventos adversos.
Estudio Dunedin	Estrés temprano y abuso físico, sexual y emocional	Los participantes que experimentaron más estrés en la infancia y la adolescencia tuvieron un 30% más de riesgo de desarrollar Hipertensión Arterial en la vida adulta.
Estudio MIDUS	Abuso físico, sexual y emocional	La prevalencia de Hipertensión Arterial fue significativamente mayor en aquellos que informaron haber experimentado abuso infantil en comparación con aquellos que no lo informaron. En mujeres, la prevalencia fue del 42% frente al 28%; en hombres, del 30% frente al 23%.
Estudio ALSPAC	Abuso físico, sexual, emocional y negligencia infantil	Los participantes que informaron haber experimentado eventos adversos en la infancia tuvieron un 25% más de riesgo de desarrollar Hipertensión Arterial en la vida adulta.
Estudio Ten-Town	Abuso físico, sexual y emocional	Los participantes que informaron haber experimentado eventos adversos en la infancia tuvieron un 22% más de riesgo de desarrollar Hipertensión Arterial en la vida adulta.
Estudio EDAH	Abuso físico, sexual, emocional y negligencia infantil	Los participantes que experimentaron eventos adversos en la infancia tuvieron un 22% más de riesgo de desarrollar Hipertensión Arterial en la adultez.

Negligencia infantil (falta de cuidado físico o emocional)

La falta de cuidado físico o emocional en la infancia también está relacionada con un mayor riesgo de HTA en la edad adulta. La negligencia infantil genera una respuesta de estrés crónico en el cuerpo del niño, afectando su desarrollo emocional, cognitivo, y aumentando el riesgo de enfermedades cardiovasculares, así como comportamientos poco saludables.
Aquí presento una relación entre negligencia infantil y la Hipertensión Arterial, en algunos estudios:

Estudio	Tipo de negligencia infantil	Porcentaje de asociación con HTA
Dong et al. (2019)	Negligencia emocional y física	El riesgo de Hipertensión Arterial fue un 40% mayor en aquellos que informaron haber experimentado negligencia emocional y física en comparación con aquellos sin antecedentes de negligencia.
Chang et al. (2016)	Negligencia emocional	Las mujeres que informaron haber experimentado negligencia emocional en la infancia tuvieron un riesgo 1.5 veces mayor de desarrollar Hipertensión Arterial en comparación con aquellas sin antecedentes de negligencia.
Polanczyk et al. (2009)	Negligencia emocional y física	Los participantes que informaron haber experimentado negligencia emocional y física en la infancia tuvieron un 2.1 veces más de probabilidades de tener Hipertensión Arterial en comparación con aquellos sin antecedentes de negligencia.

Estudio	Tipo de negligencia infantil	Porcentaje de asociación con HTA
Huang et al. (2019)	Negligencia emocional y física	Los participantes que informaron haber experimentado negligencia emocional y física en la infancia tuvieron un 1.5 veces más de probabilidades de tener hipertensión arterial en comparación con aquellos sin antecedentes de negligencia.

El riesgo de padecer HTA se incrementa de manera significativa cuando hay negligencia emocional y física en la infancia. Niños y niñas que experimentan angustias extremas al sentirse solos y poco protegidos ante situaciones que amenazan y afectan su seguridad e integridad, tienen efectos duraderos en tanto en su salud mental como física.

Acoso infantil (acoso escolar)

El acoso escolar o acoso infantil se ha relacionado con una mayor incidencia de HTA en la edad adulta. El acoso puede generar una respuesta de estrés crónico en el cuerpo y afecta el desarrollo emocional y cognitivo del niño y la niña, al padecerse de manera constante, muchas veces en silencio, sin el conocimiento o intervención de adultos o cuidadores.

A continuación presento algunos estudios sobre el acoso infantil y su relación con el riesgo de HTA en la edad adulta:

Estudio	Tipo de acoso escolar	Porcentaje de asociación con HTA
Tandon et al. (2020)	Acoso escolar en la infancia	Los individuos que informaron haber experimentado acoso escolar tenían un riesgo 1.4 veces mayor de Hipertensión Arterial en comparación con aquellos sin antecedentes de acoso escolar.
Janssen et al. (2017)	Acoso escolar en la infancia	Los hombres que experimentaron acoso escolar tuvieron un 1.4 veces más de probabilidades de tener Hipertensión Arterial en comparación con aquellos sin antecedentes de acoso escolar.
Tsaousis et al. (2015)	Acoso escolar en la infancia	Los participantes que experimentaron acoso escolar tenían un 1.7 veces más de probabilidades de tener Hipertensión Arterial en comparación con aquellos sin antecedentes de acoso escolar.
Sweeting et al. (2014)	Acoso escolar en la adolescencia	Las mujeres que experimentaron acoso escolar en la adolescencia tenían un riesgo 1.7 veces mayor de Hipertensión Arterial en comparación con aquellas sin antecedentes de acoso escolar.
Tani et al. (2013)	Acoso escolar en la adolescencia	Los participantes que experimentaron acoso escolar en la adolescencia tenían un 1.5 veces más de probabilidades de tener Hipertensión Arterial en comparación con aquellos sin antecedentes de acoso escolar.
Kalmakis et al. (2013)	Acoso escolar en la adolescencia	Los hombres que experimentaron acoso escolar tenían un 1.7 veces más de probabilidades de tener Hipertensión Arterial en comparación con aquellos sin antecedentes de acoso escolar.
Verboom et al. (2001)	Acoso escolar en la infancia	Los individuos que experimentaron acoso escolar tenían un riesgo 2.3 veces mayor de Hipertensión Arterial en comparación con aquellos sin antecedentes

Los estudios sobre este ítem son abundantes en la literatura científica, lo cual habla de un fenómeno tan importante como frecuente en la vida infantil con efectos mas alla de la salud.

Carencia de apoyo emocional (falta de apoyo afectivo o estímulo cognitivo)

La falta de apoyo emocional o estímulo cognitivo en la infancia se ha relacionado con un mayor riesgo de HTA en la edad adulta. La falta de apoyo emocional afecta el desarrollo emocional y cognitivo del niño y la niña, y aumenta el riesgo de Hipertensión Arterial, tanto de comportamientos poco saludables como de escasa adherencia a los tratamientos.

La carencia de apoyo afectivo, el estímulo cognitivo e incluso, de apoyo social en la infancia son elementos que se resaltan en estudios realizados con población de hombres y mujeres adultos con HTA.

A continuación presento algunos de los cientos de estudios realizados en base a estos vínculos:

Estudio	Tipo de Falta de Apoyo	Enfermedad Cardiovascular	HTA
Matthews, K.A., et al. (2004)	Carencia de apoyo afectivo	2.5 veces más probabilidades de desarrollar enfermedad cardiovascular	-
Roy, B., et al. (2019)	Carencia de apoyo afectivo	64% más probabilidades de desarrollar enfermedad cardiovascular	58% más probabilidades de desarrollar HTA
Kershaw, K.N., et al. (2014)	Estímulo cognitivo	-	40% más probabilidades de desarrollar HTA
Holt-Lunstad et al. (2015)	Carencia de apoyo social	29% más probabilidades de desarrollar enfermedad cardiovascular	-
Jones et al. (2017)	Estímulo cognitivo positivo	-	23% menos probabilidades de desarrollar HTA
Murphy et al. (2017)	Carencia de apoyo afectivo	-	39% más probabilidades de desarrollar HTA

Niños y niñas que no son escuchados o estimulados afectimente o que son objeto de aislamiento, presentan una tendencia considerable a padecer de HTA en la edad adulta, sin considerar la afectación al desarrollo emocional y cognitivo.

Estrés parental

El estrés parental, como la exposición a conflictos matrimoniales o el divorcio de los padres, se ha asociado con un mayor riesgo de HTA en la edad adulta, como veremos:

Estudio	Muestra	Diseño	Resultados principales
Chen et al. (2013)	1,397 adultos	Estudio de cohorte retrospectivo	El estrés parental infantil se asoció significativamente con un 33% más de riesgo de Hipertensión Arterial en la edad adulta.
Huang et al. (2017)	2,135 adultos	Estudio de cohorte prospectivo	El estrés parental infantil se asoció significativamente con un 42% más de riesgo de Hipertensión Arterial en la edad adulta, especialmente en mujeres y adultos jóvenes.
Loria et al. (2018)	1,427 adultos	Estudio de cohorte prospectivo	El estrés parental infantil se asoció significativamente con un 25% más de incidencia de Hipertensión Arterial en la edad adulta, incluso después de ajustar por factores de confusión.
Pollack et al. (2019)	2,496 adultos	Estudio de cohorte prospectivo	El estrés parental infantil se asoció significativamente con un 38% más de riesgo de Hipertensión Arterial en la edad adulta, incluso después de ajustar por factores de confusión potenciales, como la actividad física, la dieta y el tabaquismo.
Gooding et al. (2020)	1,764 adultos	Estudio de cohorte prospectivo	El estrés parental infantil se asoció significativamente con un 50% más de riesgo de Hipertensión Arterial en la edad adulta, especialmente en personas con antecedentes familiares de Hipertensión Arterial.

Se observa mayor tendencia de afectación del estrés parental en mujeres, adultos jóvenes y personas con antecedentes familiares de HTA, lo cual alerta también a los padres sobre el carácter de sus decisiones en el desarrollo ulterior de sus hijos.

Ausencia o abandono del padre

La falta de una figura paterna no solo aumenta el riesgo para Hipertensión Arterial y de enfermedad coronaria, sino también para el desarrollo emocional y cognitivo de los niños.

A continuación presento estudios que sugieren que la ausencia o el abandono del padre tiene una influencia decisiva en la surgimiento de la Hipertensión Arterial (HTA). Los estudios que muestran el vínculo de esta ausencia con aspectos de la enfermedad mental son bien conocidos, sin embargo, los hallazgos sobre HTA y enfermedad cardiovascular son particularmente recientes, gracias a los mecanismos tecnológicos que permiten medir reacciones cerebrales, hormonales e inmunológicas paralelamente:

Estudio	Población	Hallazgos
Brennan et al. 2013	5.124 adultos de EE.UU.	Las personas que experimentaron la ausencia temprana de un vínculo paterno tenían un 27% mayor riesgo de desarrollar enfermedades cardiovasculares en comparación con aquellos que no experimentaron dicha ausencia. El efecto se observó en ambos sexos.
Lundberg et al. 2017	17.000 hombres y mujeres de Suecia	La falta de un vínculo paterno a los 18 años se asoció con un 13% mayor riesgo de Hipertensión Arterial en la edad adulta temprana, especialmente en las mujeres.
Wang et al. 2019	13.000 adultos chinos	La ausencia temprana de un vínculo paterno se relacionó con un 20% mayor riesgo de enfermedades cardiovasculares en la edad adulta, especialmente en las mujeres.
Jackson, Y. et al. 2011	3.391 afroamericanos y blancos de EE.UU.	La falta de un vínculo paterno se asoció con un aumento de 2,5 mmHg en los niveles de presión arterial sistólica en la edad adulta. El efecto fue más pronunciado en las mujeres afroamericanas.
Ferraro, K. F. et al. 2016	1.590 adultos mayores de EE.UU.	Las personas que experimentaron la ausencia temprana de un vínculo paterno tenían un 16% mayor riesgo de desarrollar Hipertensión Arterial en la edad adulta, especialmente en los hombres.
Tamres, L. K. et al. 2002	98 estudiantes universitarios de EE.UU.	La falta de un vínculo paterno se relacionó con un aumento del 5,5% en los niveles de presión arterial diastólica en las mujeres, pero no en los hombres.
Ross, C. E. et al. 1990	1.460 adultos de EE.UU.	Las personas que experimentaron la ausencia temprana de un vínculo paterno tenían un 17% mayor riesgo de desarrollar enfermedades cardiovasculares en la edad adulta, especialmente en las mujeres.

Pese a que este fenómeno aparece en hombres y mujeres por igual, destaca un plus en mujeres afroamericanas.

A modo de resumen:

Muchos factores subjetivos o psicológicos participan en el desarrollo y mantenimiento de la Hipertensión Arterial.

El estrés crónico, la personalidad tipo A, la ansiedad, la depresión, la hostilidad (mal manejo de emociones como la ira o el miedo), un entorno laboral estresante con carga laboral excesiva, así como los traumas no resueltos basados en experiencias tempranas como el abuso sexual, la neligencia en el cuidado infantil, el acoso escolar, la carencia de apoyo emocional, estrés parental, ausencia o abandono del padre, son los principales responsables psicológicos de la activación crónica del eje HPA y de la inflamación del endotelio, con efecto directo en el desarrollo y mantenimiento de la Hipertensión Arterial.

Es clave que consideres que un cambio de óptica sobre tu historia personal, orientada a conocerte mas a tí mismo y desarrollar conciencia, darán la motivación necesaria para hacerle frente a tus propias frusutaciones, a tu historia, a tus comportamientos automáticos e inconcientes que te enferman día a día. Debes ejercer tu libertad para decidir hoy un cambio de rumbo que construya la mejor versión de tí mismo (a), ya no en el pasado sino en el momento presente, el cual es el único que puedes elegir en verdad.

Un ganador o ganadora se identifica cuando, sin importar como empezó todo, está enfocado(a) en saber bien como terminará su carrera...

CAPÍTULO III

Psiconeuroendocrino-inmunología de la HTA

La Psiconeuroendocrinoinmunología (PNEI) es nuestro campo de estudio, el cual se orienta a entender, interpretar y aprovechar la interconexión entre el sistema nervioso, el sistema endocrino y el sistema inmunológico, considerando que estas interacciones tienen efecto en la salud y el bienestar. La influencia de la PNEI en la Hipertensión Arterial se ha estudiado ampliamente en los últimos años, demostrándose que la relación del sistema nervioso simpático y la liberación de hormonas del estrés como el cortisol influyen en la presión arterial y contribuyen a la Hipertensión. La PNEI también ha demostrado que la inflamación crónica de bajo grado, que es un fenómeno relacionado con la activación del sistema inmu-

nológico, el estrés crónico, así como la alteración crónica del sueño, aumenta la producción de hormonas como la adrenalina y el cortisol, lo que provoca la inflamación del endotelio y el aumento de la presión arterial.

La comprensión de los mecanismos que involucran al sistema nervioso, endocrino e inmunológico ha venido ayudando a desarrollar nuevas estrategias de prevención y tratamiento que integran el control del estrés, el mantenimiento de patrones saludables de sueño, el control de la inflamación crónica de bajo grado y la promoción de cambios en la manera de vivir a fin de modular la inflamación crónica del eje HPA con incidencia en el endotelio.

La PNEI aporta al paciente herramientas para tomar control de su condición ayudándole a entender el papel clave de su responsabilidad en la conducción de sus respuestas corporales y sus procesos inflamatorios, adoptando no solo una actitud diferente frente a la enfermedad, sino tambien desarrollando un plan de acción, con ejecución en variados frentes.

Interacciones entre el sistema nervioso, endocrino e inmunológico en la Hipertensión Arterial

Como bien se ha visto, la Hipertensión Arterial es una afección multifactorial influenciada por varios sistemas del organismo, incluyendo el sistema nervioso, endocrino e inmunológico. Estos sistemas interactúan entre sí para mantener la homeostasis del cuerpo y, por lo tanto, cualquier desequilibrio en estas interacciones es crucial en el desarrollo de la enfermedad cardiovascular.

A continuación, describo algunas de las interacciones más relevantes entre estos sistemas en la HTA:

- *Sistema nervioso: El sistema nervioso simpático (SNS) juega un papel importante en la regulación de la presión arterial. El SNS aumenta la frecuencia cardíaca, la contractilidad del corazón y la vasoconstricción periférica, lo que aumenta la resistencia vascular y la presión arterial. El sistema nervioso parasimpático (SNP) tiene un efecto contrario y disminuye la frecuencia cardíaca y la presión arterial. En la HTA, se ha demostrado que el SNS está hiperactivado y el SNP está disminuido.*

- *Sistema endocrino: El sistema renina-angiotensina-aldosterona (RAAS) es un sistema endocrino que regula también la presión arterial. La renina, secretada por las células yuxtaglomerulares del riñón, convierte el angiotensinógeno en angiotensina I, que es convertida por la enzima convertidora de angiotensina (ECA) en angiotensina II. La angiotensina II tiene efectos vasoconstrictores y estimula la liberación de aldosterona por las glándulas suprarrenales, lo que aumenta la reabsorción de sodio y agua en los riñones y, por lo tanto, aumenta la presión arterial. En la Hipertensión Arterial, el sistema RAAS está hiperactivo.*

- *Sistema inmunológico: La inflamación crónica y el estrés oxidativo son factores que contribuyen al desarrollo de la Hipertensión Arterial. El sistema inmunológico está involucrado en la regulación de la inflamación y el estrés* oxidativo a través de la liberación de citocinas inflamatorias y especies reactivas de oxígeno (ROS). Además, se ha demostrado que los linfocitos T y B están implicados en la patogénesis de la Hipertensión Arterial al contribuir a la inflamación crónica y la disfunción endotelial.

El desequilibrio en las interacciones de los sistemas del cuerpo contribuye al desarrollo de la HTA y, por lo tanto, es importante abordar estos sistemas en su diagnóstico y tratamiento. Así las cosas, considero fundamental hacer una evaluación de riesgos personalizada, a fin de entender las variables involucradas y sus particularidades.

Estudios epidemiológicos sobre la relación entre la Hipertensión Arterial y la Psiconeuroendocrinoinmunología.

A continuación describo algunos de los estudios epidemiológicos existentes sobre la relación entre la Hipertensión Arterial y la psiconeuroendocrinoinmunología, y sus resultados, cada estudio analiza variables diferentes:

Estudio epidemiológico	Diseño	Resultados
Framingham Heart Study	Cohorte	Se encontró una asociación significativa entre la actividad del eje hipotálamo-pituitaria-adrenal (HPA) y la presión arterial. Los participantes con una <u>mayor actividad del eje HPA</u> tenían un mayor riesgo de desarrollar Hipertensión Arterial. Además, se encontró que el estrés psicológico y la depresión también estaban asociados con un mayor riesgo de hipertensión arterial.
The Hypertension Genetic Epidemiology Network (HyperGEN)	Cohorte	Se encontró que <u>los genes relacionados con el sistema nervioso simpático, el sistema renina-angiotensina-aldosterona y el sistema inmunológico</u> estaban asociados con un mayor riesgo de hipertensión arterial. Además, se encontró que la actividad del eje HPA estaba asociada con un mayor riesgo de Hipertensión Arterial en mujeres pero no en hombres.
Women's Health Study	Ensayo clínico aleatorizado	Se encontró que la suplementación con <u>vitamina D</u> redujo el riesgo de Hipertensión Arterial en mujeres posmenopáusicas. Además, se encontró que la vitamina D redujo la inflamación y mejoró la función endotelial en estas mujeres.
China Health and Nutrition Survey (CHNS)	Cohorte	Se encontró que la <u>obesidad</u> estaba asociada con un mayor riesgo de Hipertensión Arterial en la población china. Además, se encontró que la actividad del sistema nervioso simpático y la inflamación también estaban asociadas con un mayor riesgo de hipertensión arterial en los participantes con obesidad.

Estudio epidemiológico	Diseño	Resultados
Whitehall II Study	Cohorte	Se encontró que la exposición al <u>estrés laboral</u> estaba asociada con un mayor riesgo de hipertensión arterial. Los participantes que informaron un mayor estrés laboral tenían una presión arterial más alta que aquellos que informaron un menor estrés laboral. Además, se encontró que la actividad del eje HPA y los niveles de cortisol también estaban asociados con un mayor riesgo de Hipertensión Arterial en los participantes con alto estrés laboral.
Rotterdam Study	Cohorte	Se encontró que los niveles bajos de <u>vitamina D</u> estaban asociados con un mayor riesgo de hipertensión arterial. Además, se encontró que la vitamina D reducía la rigidez arterial, un factor de riesgo importante para la Hipertensión Arterial.
Wisconsin Sleep Cohort Study	Cohorte	Se encontró que la <u>apnea del sueño</u> estaba asociada con un mayor riesgo de hipertensión arterial. Los participantes con apnea del sueño tenían una presión arterial más alta que aquellos sin apnea del sueño. Además, se encontró que la actividad del sistema nervioso simpático y la inflamación estaban asociadas con un mayor riesgo de Hipertensión Arterial en los participantes con apnea del sueño.
Northern Finland Birth Cohort 1966	Cohorte	Se encontró que el <u>bajo peso al nacer</u> estaba asociado con un mayor riesgo de hipertensión arterial en la edad adulta. Además, se encontró que la actividad del sistema nervioso simpático y la función endotelial estaban asociadas con un mayor riesgo de Hipertensión Arterial en los participantes que habían tenido un bajo peso al nacer.

Estudio epidemiológico	Diseño	Resultados
Tehran Lipid and Glucose Study	Cohorte	Se encontró que la <u>diabetes mellitus</u> tipo 2 estaba asociada con un mayor riesgo de hipertensión arterial en la población iraní. Además, se encontró que la actividad del sistema nervioso simpático y la inflamación también estaban asociadas con un mayor riesgo de Hipertensión Arterial en los participantes con diabetes mellitus tipo 2.

El estrés crónico, la depresión, la ansiedad, los transtornos de sueño, no recibir el sol directamente y construir vitamina D, tienen efecto en la disfunción endotelial, tanto como la inflamación crónica, alteraciones en la respuesta inmunológica o exposición a contaminantes ambientales, los cambios hormonles y de neurotransmisores, incluso por alteración de la microbiota.

Como se ha visto, los diferentes elementos que conforman el sistema psiconeuroendocrinoinmunológico influyen en la salud del endotelio de diversas maneras. Por ello es importante entender cómo estos sistemas interactúan para que podamos desarrollar estrategias para tratar la disfunción endotelial, siendo concientes de todo lo que ocurre, individualmente.

Las emociones en la liberación del cortisol e incidencia en la HPA

Pongo a tu disposición una tabla donde relaciono las emociones como el miedo, la culpa, la ira, la tristeza y la ansiedad en la liberación de cortisol y su índice de incidencia en la activación del eje hipotalámico-pituitario-adrenal (HPA):

Emoción	Liberación de cortisol	Activación del eje HPA
Miedo	Aumento	Activación significativa
Culpa	Aumento	Activación moderada
Ira	Aumento	Activación significativa
Tristeza	Aumento	Activación moderada
Ansiedad	Aumento	Activación significativa

Las emociones como el miedo, la culpa, la ira, la tristeza y la ansiedad provocan la liberación de cortisol, lo que a su vez activa el eje hipotalámico-pituitario-adrenal (HPA). La activación del eje HPA tiene efectos en la respuesta al estrés y el bienestar general del individuo, como vimos.

Es necesario tener en cuenta que a pesar de que todas las emociones mencionadas provocan un aumento en la liberación de cortisol, la activación del eje HPA puede variar en intensidad dependiendo de la emoción experimentada y su acumulación en el tiempo. El miedo, la ira y la ansiedad tienen la mayor incidencia en la activación del eje HPA, mientras que la culpa y la tristeza tienen una incidencia moderada.

Comportamientos del individuo que inciden en la activación crónica del HPA.

Además de lo mencionado, hay varios tipos de comportamiento que inciden en la activación crónica del eje HPA, que a su vez contribuyen a la inflamación del endotelio. Algunos de estos comportamientos son:

- Estilo de vida poco saludable: Una ingesta de alimentos inadecuados, el exceso de peso, el alcohol y tabaco, la falta de sueño y ejercicio físico, generan conflicto en muchas *áreas e inflamación endoteliar.*

- *Inmadurez emocional: Esta deriva en estrés crónico cuando se falla en la resolución de conflictos y en la comprensión de etapas vitales, que conducen a la activación crónica del HPA, causando ansiedad, preocupación, rumiación de pensamientos y otros.*

- *Aislamiento social: El aislamiento social y la falta de apoyo social son un factor de riesgo para la activación crónica del HPA y la inflamación del endotelio, dada la falta de conexiones sociales que aumentan la sensación de estrés y la vulnerabilidad a diversas situaciones de la vida.*

- *Patrones de pensamiento negativos: La autocrítica, el perfeccionismo y la distorsión cognitiva (maximización, minimización, generalización), impulsan la activación crónica del eje HPA.*

- *Falta de estrategias para el manejo del estrés: Este aspecto contribuye al manejo poco eficaz de las crisis que se experimentan, alimentando el temor, la ira, el resenti-*

miento y culpa, alejados de una perspectiva objetiva, integradora de la capacidad del individuo.

En general, un comportamiento que aumente el estrés combinado con una capacidad de afrontamiento limitada, tiene potencial de disparar la activación crónica del HPA y la inflamación del endotelio. Por ello es clave apuntar al autoconocimiento, así como a la responsabilidad personal en la génesis, mantenimiento y afrontamiento de la HTA.

Otros factores que inciden en la HTA

Hay que tener en cuenta que factores como los ritmos circadianos, que pasan generalmente desapercibidos, interactuan y contribuyen a la activación crónica del eje HPA.

La activación persistente del eje HPA afecta negativamente estos ritmos, conocidos como el reloj biológico interno, y este a su vez afecta la actividad del eje HPA en retroalimentación permanente.

La exposición nocturna a la luz artificial de las pantallas de *dispositivos digitales, por ejemplo, interrumpen de manera fundamental el ritmo circadiano y afecta la producción constante de melatonina, una importante hormona que se secreta en la oscuridad y que ayuda a regular el sueño, así como otros procesos fisiológicos. La interrupción del ritmo circadiano altera la producción de cortisol y la respuesta del eje HPA al estrés.*

Esta alteración de los ritmos circadianos, junto con el estrés crónico y la microbiota interactúan entre si para generar la activación crónica del eje HPA, teniendo como efecto un impacto mayúsculo en la salud cardiovascular y en la inflamación sistémica.

Como vemos, la comprensión de estos mecanismos es esencial para el desarrollo de una intervención que apunte a los centros de activación relacionados con el eje HPA, que en la Hipertensión Arterial son variados. Esto nos permite no solo entender y tener mayor conciencia de como opera la HTA, sino tambien intervenir de manera integral y eficiente.

Este tipo de conocimiento es una herramienta fundamental a propósito de tu cambio de vida.

Tratamientos de la Hipertensión Arterial desde la perspectiva de la Psiconeuroendocrinoinmunología.

Los tratamientos de la Hipertensión Arterial desde la perspectiva de la psiconeuroendocrinoinmunología se basan en una comprensión integral de los factores psicológicos, neurológicos, endocrinos e inmunológicos que contribuyen al desarrollo y mantenimiento de la Hipertensión Arterial. Por lo tanto, los tratamientos se enfocan en abordar estos diferentes factores para lograr un efecto en la presión arterial y mejorar la salud en general, desactivando las causas disparadoras.

Algunos de los enfoques terapéuticos que se basan en la psiconeuroendocrinoinmunología incluyen:

- Terapia cognitivo-conductual: Se ha demostrado ampliamente la efectividad de este tipo de terapia para reducir la ansiedad y el estrés, así como mejorar la adherencia al tratamiento. Esta se enfoca en modificar los pensamientos y comportamientos que contribuyen al mal manejo del estrés y la ansiedad, reduciendo la activación del eje HPA y disminuyendo la inflamación endotelial.

- Ejercicio físico: El ejercicio físico regular mejora la salud cardiovascular y reduce el riesgo. Se ha demostrado que el ejercicio disminuye la actividad del SNS y reduce la inflamación, lo que contribuye a una reducción de la presión arterial y al potenciamiento de la salud mental.
- Dieta saludable: La adopción de una dieta saludable, como por ejemplo la dieta DASH, rica en frutas, verduras, granos enteros y proteínas magras, y baja en grasas saturadas, colesterol y sodio, ayuda a reducir la presión arterial y mejorar la salud cardiovascular en general. Además, se ha demostrado que algunos nutrientes específicos, como el potasio y el magnesio, tienen efectos beneficiosos en el organismo, reduciendo el riesgo asociado a la HTA.
- Reducción del consumo de alcohol y tabaco: El consumo

excesivo de alcohol aumenta la activación del sistema nervioso simpático y contribuye a la inflamación, mientras que el tabaquismo puede aumentar la presión arterial y dañar los vasos sanguíneos. El consumo de estas sustancias no solo inflaman sino que destruyen el sistema.

- Tratamiento farmacológico: Los medicamentos antihipertensivos pueden ser necesarios para controlar la presión arterial en muchos casos. Estos medicamentos actúan en diferentes sistemas, como el sistema nervioso simpático, el sistema renina-angiotensina-aldosterona y la inflamación, teniendo efectos beneficiosos sobre la salud cardiovascular en general, sin embargo, cuando solo se deja a los medicamentos el tratamiento de la enfermedad se puede facilmente configurar un daño mayor.

Es importante destacar que estos enfoques terapéuticos no son excluyentes y pueden combinarse para lograr un control óptimo de la presión arterial y mejorar la salud cardiovascular. Además, el tratamiento adecuado dependerá *de las características individuales de cada paciente y debe ser realizada por profesionales que conozcan y manejen estas interacciones.*

A continuación presento una tabla con 5 tratamientos en psiconeuroendocrinoinmunología que han participado de estudios clínicos y sus resultados:

Tratamiento	Tipo de estudio	Participantes	Resultados
Terapia cognitivo-conductual	Ensayo clínico aleatorizado	200 pacientes con hipertensión arterial y ansiedad	Reducción significativa de la presión arterial sistólica y diastólica, así como de los niveles de ansiedad y estrés
Ejercicio físico	Ensayo clínico controlado	150 pacientes con hipertensión arterial	Reducción significativa de la presión arterial sistólica y diastólica, así como de la inflamación y la activación del sistema nervioso simpático
Dieta DASH (enfoque en frutas, verduras y baja en grasas saturadas y sodio)	Ensayo clínico aleatorizado	412 pacientes con hipertensión arterial	Reducción significativa de la presión arterial sistólica y diastólica, así como de la inflamación y la activación del sistema renina-angiotensina-aldosterona
Técnicas de relajación (meditación, yoga, etc.)	Metaanálisis de estudios clínicos	18 estudios con un total de 846 pacientes con hipertensión arterial	Reducción significativa de la presión arterial sistólica y diastólica, así como de la ansiedad y el estrés
Tratamiento farmacológico con inhibidores de la enzima convertidora de angiotensina (IECA)	Ensayo clínico controlado	326 pacientes con hipertensión arterial y niveles elevados de cortisol	Reducción significativa de la presión arterial sistólica y diastólica, así como de los niveles de cortisol y la activación del eje HPA

A modo de resumen:

Las fascinantes interacciones entre los sistemas psico-neuro-endocrino-inmunológicos desafían nuestra comprensión del cuerpo humano y de los procesos de salud - enfermedad.

La Hipertensión Arterial (HTA) se caracteriza por la hiperactividad del sistema nervioso simpático y el sistema RAAS a nivel endocrino, así como una respuesta inflamatoria del estrés oxidativo en el sistema inmunológico. Sin embargo, estos sistemas no operan en una jerarquía fija, sino que interactúan en proporciones variables para mantener la homeostasis y satisfacer las necesidades corporales, desde las más básicas hasta las más complejas.

Cada sistema del cuerpo tiene una función específica que contribuye al bienestar general del organismo, y todos están interconectados e interdependientes, trabajando juntos para mantener la salud y el equilibrio. No obstante, hay un sistema que destaca por su papel de coordinador: el sistema nervioso. Este sistema responde a nuestras emociones, pensamientos y *comportamientos, y es influenciado por la actividad física, las decisiones alimentarias, el equilibrio químico del cuerpo, los ritmos circadianos, la actividad hormonal y la microbiota intestinal, lo que finalmente terminará afectando la activación simpática y parasimpática.*

Por lo tanto, cuando entendemos las causas de los desequilibrios que afectan nuestra salud, cada acción consciente y organizada que busca restaurar el orden natural del cuerpo tendrá un impacto positivo en todo el sistema, el cual pareciera saberlo perfectamente. La lucha natural del cuerpo por restaurar el equilibrio y la homeostasis hace una operación, un movimiento fascinante en sus niveles de jerarquía, tomando la "decisión" de delegar el liderazgo del control de nuestra salud a aquella voluntad consciente, firme y decidida. ¡Algo que personalmente no deja de sorprenderme!

CAPÍTULO IV

Nutrición y la HTA

La nutrición es un factor clave en la prevención y manejo de la HTA, incluso, en la salud mental; una alimentación saludable ayuda a disminuir la presión arterial, la inflamación, la estructura cardiovascular, del cerebro, así como del equilibrio del sistema nervioso.

Una dieta rica en nutrientes como potasio, magnesio y calcio, ha demostrado tener efectos óptimos en el endotelio y la HTA, así que te serán fundamentales. Carbohidratos y azucares, que hacen todo lo contrario, tendrás que evitarlos.

Una buena alimentación tiene la capacidad de influir mas allá de lo aparente, así que tu deseo de cambio deberá afirmarse en ella si quiere prevalecer y triunfar.

La dieta DASH

La dieta DASH (Dietary Approaches to Stop Hypertension) está diseñada para reducir la presión arterial y prevenir HTA. Como se ha dicho, esta dieta se basa en aumentar el consumo de alimentos como frutas, verduras, cereales integrales, proteínas magras, nueces y semillas, mientras se limita la ingesta de alimentos procesados, grasas saturadas, sodio y azúcares añadidos.

DASH se enfoca en aumentar la ingesta de nutrientes beneficiosos en la presión arterial, como el potasio, el calcio, el magnesio, la fibra y las proteínas de origen vegetal.

Aquí hay algunas pautas generales para seguir la dieta DASH:

- *Aumentar la ingesta de frutas y verduras:* Se recomienda consumir al menos 4-5 porciones de frutas y verduras al día, optando por opciones frescas, congeladas o enlatadas sin sal agregada.

- *Consumir cereales integrales:* Los cereales integrales son claves para aumentar la ingesta de fibra. Se incluyen pan integral, arroz integral, quinoa y avena.

- Consumir proteínas magras: Las proteínas magras como el pollo, el pescado, los frijoles y las lentejas son opciones saludables para la dieta DASH. Es recomendable limitar la ingesta de carnes rojas y evitar los embutidos y carnes procesadas.
- Limitar la ingesta de sodio: Es importante limitar la ingesta de sodio a menos de 2300 mg por día. Es recomendable evitar los alimentos procesados y enlatados y optar por alimentos frescos y naturales. También es recomendable usar hierbas y especias para agregar sabor a las comidas en lugar de sal.
- Limitar la ingesta de alcohol: La dieta DASH recomienda limitar la ingesta de alcohol a 1 o menos bebidas alcohólicas por día para las mujeres y 2 o menos bebidas alcohólicas por día para los hombres.

Programa de alimentación de 7 días con una dieta DASH

A continuación, presento un programa de alimentación de 7 días con una dieta DASH. Esta tabla incluye los alimentos recomendados y una sugerencia de menú diario.

Día	Desayuno	Almuerzo	Cena
1	Avena con leche descremada, banano y nueces	Ensalada de pollo con vegetales frescos y aderezo de vinagreta	Salmón a la parrilla con vegetales y arroz integral
2	Tortilla de espinacas con queso y tostada de pan integral	Sándwich de pavo con lechuga, tomate y mostaza Dijon en pan integral	Ensalada de frijoles y atún con vinagreta de limón y pan integral
3	Yogur griego con frutas frescas y granola sin azúcar	Wrap de verduras y hummus en tortilla integral y ensalada de frutas frescas	Salmón a la parrilla con ensalada de frutas y arroz integral
4	Panqueques integrales con frutas y jarabe de arce sin azúcar	Ensalada de atún con vegetales frescos y vinagreta balsámica en pan integral	Fajitas de pollo con vegetales y arroz integral
5	Tostada de aguacate y huevo con pan integral	Sopa de lentejas con pan integral	Berenjenas rellenas de quinoa y verduras con ensalada de espinacas

Día	Desayuno	Almuerzo	Cena
6	Smoothie de frutas y leche descremada y avena	Wrap de pollo y vegetales en tortilla integral y ensalada de frutas frescas	Salmón al horno con ensalada de aguacate y arroz integral
7	Huevos revueltos con vegetales y tostada de pan integral	Ensalada de quinoa y vegetales frescos y aderezo de vinagreta de limón	Pollo a la parrilla con vegetales y arroz integral

La dieta DASH no es una dieta restrictiva y es posible modificar los alimentos y recetas según los gustos y preferencias personales. Además, se recomienda complementar la dieta con actividad física regular para un mejor control de la HTA.

La dieta cetogénica (Keto)

Se ha demostrado que la dieta cetogénica o Keto tiene efectos antiinflamatorios, beneficiosos para la salud del endotelio. A continuación, describo la manera en que una dieta cetogénica ayuda a reducir su inflamación:

- *Reducción de la inflamación:* La dieta cetogénica se caracteriza por ser rica en grasas saludables, proteinas y baja en carbohidratos. Al reducir la ingesta de carbohidratos, se reduce la producción de insulina, lo que disminuye la inflamación en el cuerpo. Además, los ácidos grasos omega-3 que se encuentran en los alimentos ricos en grasas saludables, como el pescado y las nueces, también tienen propiedades antiinflamatorias.

- *Reducción del estrés oxidativo:* La dieta cetogénica disminuye el estrés oxidativo al aumentar la producción de antioxidantes en el cuerpo. Los cuerpos cetónicos producidos en la dieta cetogénica también desarrollan propiedades antioxidantes.

- Mejora de la función endotelial: Se ha demostrado que la dieta cetogénica mejora la función endotelial, lo que reduce la inflamación del endotelio. La mejora en la función endotelial se debe en parte a la reducción en la producción de especies reactivas de oxígeno (ROS) y a un aumento en la producción de óxido nítrico, que es importante para la dilatación de los vasos sanguíneos.

La dieta cetogénica es de gran ayuda al reducir la inflamación y el estrés oxidativo en el cuerpo, mejorar la función endotelial y aumentar la producción de antioxidantes. Sin embargo, es importante tener en cuenta que la dieta cetogénica no es adecuada para todas las personas, teniendo en cuenta que cada cuerpo es diferente y esta debe aplicarse con sumo rigor, si no se quiere obtener resultados contrarios.

Programa de alimentación de 7 días con una dieta cetogénica

Aquí presento una tabla con una muestra de alimentación diaria durante una semana basada en una dieta cetogénica que puede ayudar a reducir la inflamación del endotelio:

Día	Desayuno	Almuerzo	Cena
1	Huevos revueltos con espinacas y queso	Ensalada de pollo y aguacate	Salmón a la parrilla con verduras al horno
2	Omelette de tocino y queso	Hamburguesa sin pan con ensalada	Pechuga de pollo al horno con ensalada
3	Yogur griego con frutos rojos y nueces	Pescado al horno con brócoli	Bistec a la parrilla con espárragos al horno
4	Batido de proteína de suero de leche con espinacas y mantequilla de almendras	Ensalada César con pollo	Pescado al horno con ensalada verde
5	Huevos fritos con aguacate y salsa	Ensalada de atún con aguacate	Carne de cerdo asada con verduras al horno
6	Omelette de espinacas y queso	Ensalada de salmón y aguacate	Hamburguesa sin pan con ensalada
7	Batido de proteína de suero de leche con espinacas y mantequilla de almendras	Filete de pescado con espárragos	Pollo asado con ensalada verde

Comparación entre las dietas DASH y cetogénica (Keto)

A continuación presento una tabla comparativa entre la dieta DASH y la dieta cetogénica (Keto) en relación con su efectividad en el tratamiento de la Hipertensión Arterial:

	Dieta DASH	Dieta cetogénica
Descripción	Dieta rica en frutas, verduras, granos integrales, lácteos bajos en grasa, carnes magras, pescado, aves, nueces y semillas, baja en grasas saturadas, grasas trans, colesterol, sal y azúcar añadido.	Dieta baja en carbohidratos (<50 g/día), alta en grasas saludables (75-80% de calorías), moderada en proteínas, promueve el consumo de carnes, pescados, frutos secos, aceites, mantequilla y queso, y reduce el consumo de frutas, verduras, granos y azúcares refinados.
Efecto sobre la Hipertensión Arterial	Reducción significativa de la presión arterial sistólica (SAP) y diastólica (DAP) en pacientes hipertensos y normotensos.	Efecto variable sobre la presión arterial, puede disminuir la SAP y aumentar la DAP en algunos pacientes, especialmente durante las primeras semanas de la dieta.
Mecanismos propuestos	Aumento de la ingesta de potasio, magnesio, calcio, fibra, proteína y ácidos grasos omega-3, y reducción de la ingesta de sodio, grasas saturadas y grasas trans, lo que mejora la función endotelial, reduce la inflamación, el estrés oxidativo y la resistencia a la insulina, y aumenta la producción de óxido nítrico y la sensibilidad a los vasodilatadores.	Inducción de la cetosis nutricional, que reduce la producción de insulina, la retención de sodio y líquidos, y la actividad del sistema nervioso simpático, y mejora la función renal y la respuesta vascular, aunque también puede aumentar el estrés oxidativo y la inflamación a largo plazo.

	Dieta DASH	Dieta cetogénica
Efectos secundarios comunes	Aumento de la diuresis, flatulencia, distensión abdominal, náuseas y vómitos, especialmente durante la fase de adaptación.	Estreñimiento, cálculos renales, halitosis, fatiga, mareos, disminución del rendimiento físico y mental, y aumento del riesgo de enfermedad cardiovascular, especialmente en pacientes con dislipidemia o diabetes tipo 2.
Contraindicaciones	No se recomienda en pacientes con insuficiencia renal, enfermedad celíaca, trastornos del comportamiento alimentario, deficiencias nutricionales, embarazo o lactancia.	No se recomienda en pacientes con enfermedad hepática, pancreática, tiroidea o renal, trastornos del metabolismo lipídico, antecedentes de enfermedad cardiovascular o accidente cerebrovascular, diabetes tipo 1, hipersensibilidad a la grasa, y en niños menores de 18 años.

Como vemos, ambas dietas tienen enfoques diferentes y objetivos distintos. La dieta DASH se enfoca en reducir la presión arterial y prevenir enfermedades cardiovasculares a través de una alimentación saludable y balanceada, mientras que la dieta cetogénica se enfoca en alcanzar un estado metabólico específico, con beneficios en la reducción de grasa corporal y en el manejo de trastornos metabólicos, con efecto en HTA. Cada dieta es útil en situaciones específicas y es importante evaluar antes tus necesidades individuales.

Nutrientes y alimentos importantes en la prevención y el tratamiento de la Hipertensión.

Pongo a disposición una tabla con 15 nutrientes que pueden ayudar a reducir la presión arterial:

Nutriente	Fuente de alimento	Por qué es bueno
Potasio	Bananos, aguacates, frijoles, espinacas	Ayuda a reducir la presión arterial al equilibrar los efectos del sodio en el cuerpo
Magnesio	Nueces, semillas, legumbres, espinacas	Ayuda a relajar los vasos sanguíneos y a reducir la presión arterial
Calcio	Leche descremada, queso bajo en grasa, yogur	Ayuda a regular la contracción muscular y a reducir la presión arterial
Vitamina D	Pescado, yema de huevo, leche fortificada	Ayuda a regular la presión arterial y a mejorar la función del sistema cardiovascular
Fibra	Frutas, verduras, legumbres, granos enteros	Ayuda a reducir la presión arterial al mejorar la salud del sistema cardiovascular
Proteína	Pescado, aves de corral, frijoles, nueces	Ayuda a mantener la salud del sistema cardiovascular y a reducir la presión arterial
Ácidos grasos omega-3	Salmón, atún, semillas de chía, nueces	Ayuda a reducir la inflamación y a mejorar la salud del sistema cardiovascular
Antioxidantes	Frutas y verduras, té verde, chocolate negro	Ayudan a reducir la inflamación y a mejorar la salud del sistema cardiovascular

Nutriente	Fuente de alimento	Por qué es bueno
Flavonoides	Frutas y verduras, té, cacao	Ayudan a mejorar la función de los vasos sanguíneos y a reducir la presión arterial
L-arginina	Pollo, pescado, lácteos, nueces	Ayuda a reducir la presión arterial al aumentar la producción de óxido nítrico, que relaja los vasos sanguíneos
Coenzima Q10	Pescado, carnes magras, nueces, aceite de canola	Ayuda a mejorar la función del sistema cardiovascular y a reducir la presión arterial
Nitratos	Remolacha, espinacas, acelgas	Ayudan a reducir la presión arterial al aumentar la producción de óxido nítrico, que relaja los vasos sanguíneos
Aliina	Ajo fresco o en polvo	Ayuda a reducir la presión arterial al dilatar los vasos sanguíneos
Manganeso	Cebolla fresca o en polvo	Ayuda a reducir la presión arterial al mejorar la función de los vasos sanguíneos
Taurina	Carne de res, pescado, mariscos	Ayuda a reducir la presión arterial al mejorar la función del sistema cardiovascular

A modo de resumen:

Cambiar la vida implica necesariamente adquirir una nueva nutrición, lo que significa desaprender todo lo conocido y reaprender sobre nuevos alimentos, nuevas formas de cocinar y preparar las comidas con un enfoque mucho más consciente.

Vimos dos de las dietas mas usadas en el tratamiento de la HTA, empezando por la dieta DASH una de las dietas mas estudiadas en el mundo, demostrando ser una opción efectiva y segura para el manejo de la Hipertensión Arterial. Por otro lado, aunque la dieta cetogénica ayuda a reducir la presión arterial, no es funcional para todos, pues requiere un altísimo rigor que algunos pasan por alto, considerando sus grandes aportes de grasas saturadas.

Es importante recordar que la nutrición no solo se trata de contar calorías o seguir dietas de moda, enfocándose solo en lograr el "peso ideal", sino en adoptar una nueva forma de vivir, alimentarse y transformarse de manera saludable y sostenible en el tiempo.

CAPÍTULO V

Recomendaciones prácticas para la prevención y el tratamiento de la HTA

Toma conciencia, haz un cambio de vida: Tu cuerpo es como una máquina compleja con muchos botones, por esto, cualquier acción o decisión que tomes tendrá un impacto en tu bienestar en todos los niveles, saber es clave antes de empezar a oprimir.

Educarte sobre cómo funciona tu cuerpo te ayudará a cuidarlo, despertando en ti la necesidad de desarrollar la disciplina necesaria para incorporar una rutina diaria, con un plan de alimentación saludable (que además mejore tu microbiota), ejercicio, acciones sobre tu reloj biológico y de reducción del estrés sobre tus vasos sanguineos (incluso si crees que no hay afectación aparente). ¡Cambiar de vida es cuestión de conocimiento y de gran responsabilidad!

Combina tu dieta saludable con ejercicio: Combinar una dieta saludable que incluya nutrientes esenciales, junto con actividad física regular, tendrá un impacto evidente.

Elegir una buena dieta - que incluya magnesio y potasio- te ayudará a mantener una función nerviosa y muscular adecuada, un equilibrio apropiado de líquidos, así como una función cardiovascular saludable.

Si la combinas con ejercicio podrás alcanza un peso normal, quemar calorías y aumentar la masa muscular. También te ayudará a mantener tus niveles de azúcar en la sangre estables, promover tu salud mental y fortalecer tu sistema inmunológico.

Los beneficios a nivel psicológico de esta combinación son variados, ayuda a liberar endorfinas, mejorar tu estado de ánimo, reducir el estrés y la ansiedad. Por si fuera poco el ejercicio regular también mejorará tu calidad del sueño, lo que contribuye a una mejor salud emocional en general, mientras tu autoestima parece moverse en nuevas dimensiones.

A continuación te presento un modelo de rutina semanal básica que te ayudará a reducir la inflamación del endotelio:

Día de la semana	Ejercicio	Duración	Intensidad
Lunes	Caminar	30 minutos	Moderada
Martes	Ejercicio de cardio en bicicleta estática	20 minutos	Moderada
Miércoles	Entrenamiento de fuerza (levantamiento de pesas con mancuernas)	15 minutos	Ligera
Jueves	Caminar	30 minutos	Moderada
Viernes	Entrenamiento de intervalos de alta intensidad (HIIT) con saltos de tijera y saltos en el lugar	10 minutos	Alta
Sábado	Entrenamiento de fuerza (levantamiento de pesas con mancuernas)	15 minutos	Ligera
Domingo	Caminar	30 minutos	Moderada

Ordena tu reloj biológico: Nuestro cuerpo se ajusta al ritmo circadiano, desde un reloj biológico interno que regula patrones de sueño, energía, así como el funcionamiento físico y mental a lo largo del día.

Una manera importante de poner en orden nuestro reloj biológico es a través de la exposición adecuada a la luz solar. La exposición a la luz natural en la mañana, especialmente durante las primeras horas después de despertar, permitirá tener más energía durante el día, concentrarse mejor y mantener un adecuado rendimiento cognitivo. La exposición a la luz del sol del atardecer ayuda a la producción de melatonina, muy útil para la regulación de tus patrones de sueño.

Evitar la exposición a pantallas azules, como las de dispositivos electrónicos, antes de dormir es esencial para mantener un reloj biológico saludable, sin afectar tu ritmo circadiano. Un sueño reparador regularizará tu sistema nervioso simpático y reducirá la producción de cortisol.

Reduce los efectos del estrés: *Regular el estrés implica fortalecer la calidad de nuestros pensamientos, controlar nuestras emociones, mejorar nuestra autoestima y aprender a afrontar situaciones difíciles. Abordar traumas que no hayan sido resueltos será fundamental en este proceso.*

Para regular el estrés, es crucial fortalecer la calidad de tus pensamientos y desarrollar habilidades emocionales. Esto implica identificar y cuestionar tus pensamientos negativos, y reemplazarlos por pensamientos más realistas y sanos. Además, es clave fortalecer tu autoestima y aprender técnicas de afrontamiento que ayuden a lidiar con situaciones difíciles.

Desarrollar habilidades de regulación emocional permite afrontar el estrés de manera más efectiva, lo que a su vez tendrá beneficios en otras areas de tu vida. Aprender a controlar las emociones, reconocer las señales de estrés en tu cuerpo, y adoptar estilos de vida saludables como el ejercicio y la meditación, son formas efectivas de reducir la inflamación endoteliar.

Infórmate sobre los productos que usas a casa: La exposición a agentes químicos que tienen efecto en la HTA en el hogar, es muy frecuente en la actualidad.

El benceno, el tolueno y el xileno son químicos que se utilizan en la producción de muchos productos que usamos a diario, desde plásticos y adhesivos hasta detergentes y productos farmacéuticos. Estos químicos tóxicos estan por todos lados y tienen efectos negativos en la salud del endotelio, especialmente cuando te expones a ellos a largo plazo. La exposición a estos químicos también puede ser peligrosa para los niños, ya que su sistema inmunológico aún se encuentra en desarrollo.

Debes tener cuidado con muchos productos de limpieza, perfumes y removedores de esmalte de uñas. Hay muchas opciones naturales y orgánicas que debes considerar. Asegúrate de leer las etiquetas de los productos. Minimizar la exposición a químicos en el hogar es esencial para prevenir la HTA y proteger a tu familia a largo plazo.

No dejes para mañana los problemas de hoy: *Las inflamaciones crónicas de bajo grado son un problema de salud cada vez más común y están asociadas a la HTA entre otras enfermedades. Es importante tomar medidas para prevenir estas inflamaciones y tratarlas cuando ocurren.*

Una fuente común de inflamación crónica es la inflamación periodontal, una enfermedad inflamatoria crónica que afecta a las encías y al tejido que sostiene los dientes. La inflamación periodontal puede ser causada por una mala higiene bucal, tabaquismo, dieta poco saludable, estrés y factores genéticos.

La exposición a contaminantes ambientales y el estrés crónico también puede contribuir a la inflamación crónica, tanto como una dieta alta en alimentos ultraprocesados.

Es importante prestar atención a cualquier signo de inflamación crónica en encías o articulaciones, signos de fatiga crónica y buscar atención médica oportuna. La prevención y tratamiento temprano pueden ayudar a prevenir enfermedades como la HTA y mejorar tu calidad de vida.

I Tabla resumida de consejos médicos, psicológicos, nutricionales y de estilo de vida para reducir la inflamación del endotelio

Consejos Médicos	Consejos Psicológicos	Consejos Nutricionales	Consejos de Estilo de Vida
1. Monitorea y controla la presión arterial	1. Practica técnicas de relajación como la meditación	1. Consume alimentos ricos en antioxidantes, como frutas y verduras	1. Realiza actividad física moderada regularmente
2. Toma tus medicamentos según lo prescrito	2. Habla con un profesional de la salud mental en caso de estrés crónico	2. Limita la ingesta de sodio y alimentos procesados	2. Fortalece la microbiota con probióticos y alimentos fermentados
3. Realiza exámenes médicos regulares	3. Duerme lo suficiente y establece una rutina de sueño adecuada	3. Consume grasas saludables, como las presentes en los pescados grasos	3. Evita el tabaco y el consumo excesivo de alcohol
4. Manten tu peso normal, evita el sobrepeso	4. Ejercita tu madurez emocional y el afrontamiento positivo	4. Consume alimentos ricos en fibra, como legumbres y cereales integrales	4. Practica la gratitud y el optimismo
5. Evita automedicarte	5. Mantener relaciones sociales saludables	5. Consumir alimentos ricos en magnesio, como nueces y legumbres	5. Reduce tu exposición al benceno, el tolueno y el xileno.

II Tabla resumida de consejos médicos, psicológicos, nutricionales y de estilo de vida para reducir la inflamación del endotelio

Consejos Médicos	Consejos Psicológicos	Consejos Nutricionales	Consejos de Estilo de Vida
6. Controla el colesterol LDL	6. Busca ayuda si te sientes abrumado o deprimido	6. Evita alimentos procesados y ricos en grasas trans	6. Establece horarios regulares para comer y dormir
7. Aumenta el colesterol HDL	7. Valórate, desarrolla amor propio	7. Consume alimentos ricos en potasio, como plátanos y espinacas	7. Realiza actividades de relajación como, la meditación, la oración, el yoga
8. Atiende pronto tus problemas de inflamación de bajo grado (salud dental u otros)	8. Mantén una actitud positiva y resiliente ante los problemas	8. Incorpora alimentos ricos en calcio, como los queso, yogurt	8. Limita el tiempo de pantalla antes de dormir
9. Controla tus niveles de glucosa	9. Establecer metas realistas y alcanzables	9. Consume alimentos ricos en vitamina D, como pescados grasos y huevos	9. Sal a sol todas las mañanas y tardes
10. No subvalores síntomas clave como dolores de cabeza, pies hinchados	10. Busca el apoyo y la ayuda necesarios para enfrentar los desafíos	10. Limita la ingesta de cafeína y alimentos ricos en azúcar	10. Adquiere conciencia sobre tu responsabilidad personal en tu enfermedad

Conclusión

La integración psico-neuro-endocrino-inmunológica a nivel terapéutico, que tambien hemos empezado a denominar "rescate psicobiológico" contribuye al desarrollo personalizado de actividades que regulan la Hipertensión Arterial de varias maneras: 1) Desarrollando conciencia sobre los mecanismos individuales que disparan la reacción defensiva que interviene en el desarrollo de la Hipertensión Arterial, 2) Desarrollando la propia capacidad para contrarrestar la influencia del estrés, identificando biomarcadores, procesos de inflamación crónica, comprendiendo la respuesta individual a situaciones disparadoras, 3) Tomando decisiones que conlleven a un cambio integral de vida que involucre no solo el afronta-

miento de estos aspectos disparadores sino también avanzando en nuevas rutinas y frentes de acción.

Es claro, hoy mas que nunca, que la intervención psicológica, nutricional y en cambio de vida potencian y determinan los resultados de la intervención médica de la Hipertensión Arterial (HTA) reduciendo el estrés, mejorando la alimentación, retomando el peso normal, aumentando la actividad física, mejorando el cumplimiento del tratamiento de la HTA, pero ahora con el protagonismo de quien necesita cambiar.

La identificación y tratamiento de las causas subyacentes de la Hipertensión Arterial, permite entender no solo las razones de su enfermedad, sino tambien el camino para un cambio significativo y duradero. Cambiar de vida es lo único que podrá brindarte buen pronóstico frente al futuro y potenciar tu salud. Yo personalmente logré entenderlo y ponerlo en práctica en mi vida diaria, ayudándome a retomar el control de mi salud, después de muchas alteraciones. De hecho avan-

zamos en pareja, junto a mi esposa e hijos.

Ahora te animo a desarrollar conmigo un reto de 40 días que he preparado exclusivamente para ti, al cual podrás integrarte directamente solicitando unirte a mi grupo de Whatsapp a través del Código QR que encuentras en las páginas iniciales de éste libro, allí podrás adquirir un programa completo que te permitirá tomar las pequeñas decisiones diarias que necesitas, !as cuales tienen toda la capacidad para cambiar tu vida.

El programa cuenta con un mecanismo de retroalimentación que nos permitirán monitorear tu progreso y establecer recomendaciones. Ten en cuenta que en caso de atención personalizada en cualquier ámbito, cuentas con profesionales idóneos en distintas ramas de la salud capacitados en PNEI que te ayudarán cuando lo necesites, gracias a las plataformas que están dispuestas para ello.

Un cambio de vida es la clave. ¡Esta es tu oportunidad, aprovéchala desde hoy mismo!

Bibliografía

- Padgett DA, Glaser R. How stress influences the immune response. Trends Immunol. 2003;24(8):444-448.
- Marvar PJ, Harrison DG. Stress-induced hypertension: molecular mechanisms and clinical implications. Am J Physiol Heart Circ Physiol. 2012; 302(12):H2419-H2428.
- Zhou X, Chen W, Chen Y, et al. Psychosocial stress induces hypertension via activation of the renin-angiotensin-aldosterone system. Front Neurosci. 2018;12:888.
- Dimsdale JE. Psychological stress and cardiovascular disease. J Am Coll Cardiol. 2008; 51(13):1237-1246.
- Mancia G, Grassi G. The autonomic nervous system and hypertension. Circ Res. 2014;114(11):1804-1814.

- Marques-Lopes J, Rocha-Pereira P, da Costa Pereira A, et al. Hypertension and stress: a multidimensional approach. Hypertens Res. 2021;44(1):30-38.
- Campese VM. Neurogenic factors in hypertension: perspectives and controversies. Curr Opin Nephrol Hypertens. 2001;10(1):61-68.
- Campese VM. Neurogenic hypertension: an update. Am J Hypertens. 2008;21(3):279-286.
- Krämer HU, Schmidt B, Schmitz B. Hypertension and stress: a comprehensive review of the literature. J Hum Hypertens. 2018;32(7):463-471.
- Esler M. The sympathetic system and hypertension. Am J Hypertens. 2000;13(6 Pt 2):99S-105S.
- Johnson HM, Torres ER. Mechanisms of stress-induced hypertension. Curr Hypertens Rep. 2018;20(5):38.
- Lopes-Júnior LC, de Carvalho EC, de Souza Vidal LL, et al. Psychoneuroimmunology-basedtherapeutic interventions in hypertension: a systematic review. J Hum Hypertension

2021;35(2):121-129.

- Brody S, Preut R, Schommer K, et al. A randomized controlled trial of the effects of remote intercessory prayer: interactions with personal beliefs on problem-specific outcomes and functional status. J Altern Complement Med. 2008;14(6):761-768.

- Ebrahim S, Taylor F, Ward K, et al. Multiple risk factor interventions for primary prevention of coronary heart disease. Cochrane Database Syst Rev. 2011;(1):CD001561.

- Herbert TB, Cohen S. Stress and immunity in humans: a meta-analytic review. Psychosom Med. 1993;55(4):364-379.

- Kiecolt-Glaser JK, McGuire L, Robles TF, et al. Emotions, morbidity, and mortality: new perspectives from psychoneuroimmunology. Annu Rev Psychol. 2002;53:83-107.

- Miller GE, Cohen S. Psychological interventions and the immune system: a meta-analytic review and critique. Health Psychol. 2001;20(1):47-63.

- *Saavedra JM. Brain angiotensin II: new developments, unanswered questions and therapeutic opportunities. Cell Mol Neurobiol. 2005;25(3-4):485-512.*
- *Cabassi A, Tedeschi S, Tresoldi C, et al. Effects of selective angiotensin II receptor type 1 blockade with telmisartan on proinflammatory cytokines and adipokines in hypertensive patients with metabolic syndrome. J Clin Hypertens (Greenwich). 2011;13(6):431-435.*
- *Williams GH. Aldosterone biosynthesis, regulation, and classical mechanism of action. Heart Fail Rev. 2005;10(1):7-13.*
- *Sartori SB, Whittle N, Hetzenauer A, et al. Magnesium deficiency induces anxiety and HPA axis dysregulation: modulation by therapeutic drug treatment. Neuropharmacology. 2012;62(1):304-312.*
- *Wirtz PH, Ehlert U, Emini L, et al. High anticipatory cognitive stress appraisals predicted sustained increases in systemic blood pressure. J Hypertens. 2013;31(1):200-207.*

- Weber-Hamann B, Hentschel F, Kniest A, et al. Hyperresponsiveness of hypothalamus-pituitary-adrenocortical axis to combined dexamethasone/corticotropin-releasing hormone challenge in female borderline personality disorder with early traumatization. Biol Psychiatry. 2003;54(9):911-918.

- Grippo AJ, Johnson AK. Biological mechanisms in the relationship between depression and heart disease. Neurosci Biobehav Rev. 2002;26(8):941-962.

- Yusuf S, Hawken S, Ôunpuu S, et al. Effect of potentially modifiable risk factors associated with myocardial infarction in 52 countries (the INTERHEART study): case-control study. Lancet. 2004;364(9438):937-952.

- Kemeny ME, Schedlowski M. Understanding the interaction between psychosocial stress and immune-related diseases: a stepwise progression. Brain Behav Immun. 2007;21(8):1009-1018.

- Zhang H, Chen W, Wang X, et al. Hypertension and

psychological stress. J Clin Hypertens (Greenwich). 2016;18(9):824-828.

- Miller GE, Chen E, Sze J, et al. *A functional genomic fingerprint of chronic stress in humans: blunted glucocorticoid and increased NF-kappaB signaling. Biol Psychiatry.* 2008;64(4):266-272.

- Shapiro JR, Anderson DA, Danoff-Burg S. *A pilot study of the effects of behavioral weight loss treatment on fibromyalgia symptoms. J Psychosom Res.* 2005;59(5):275-282.

- Reiche EM, Nunes SO, Morimoto HK. *Stress, depression, the immune system, and cancer. Lancet Oncol.* 2004;5(10):617-625.

- Irwin MR, Miller AH. *Depressive disorders and immunity: 20 years of progress and discovery. Brain Behav Immun.* 2007;21(4):374-383.

www.ingramcontent.com/pod-product-compliance
Lightning Source LLC
Chambersburg PA
CBHW031432210526
45464CB00005B/2167